Kemper

Grundtätigkeiten Löscheinsatz

Fachwissen Feuerwehr

FACHWISSEN FEUERWEHR

Kemper

GRUNDTÄTIGKEITEN LÖSCHEINSATZ

ecomed
SICHERHEIT

Hinweise für den Benutzer

Die Wiedergabe von Gebrauchsnamen, Handelsnamen, Warenbezeichnungen usw. in diesem Buch berechtigt auch ohne besondere Kennzeichnung nicht zu der Annahme, dass solche Namen im Sinne der Warenzeichen- und Markenschutzgesetzgebung als frei zu betrachten wären und daher von jedermann benutzt werden dürfen.

In diesem Werk werden Rechtsgrundlagen, physikalisch-chemische Daten, Grenzwerte, Gefahrenhinweise und Sicherheitsratschläge erwähnt. Der Leser darf darauf vertrauen, dass Autor und Verlag größte Mühe darauf verwandt haben, diese Angaben bei Fertigstellung dieser Schrift genau dem Wissensstand entsprechend zu bearbeiten; dennoch sind Fehler nicht vollständig auszuschließen.

Autor und Verlag haften demgemäß nicht für Fehler, die trotz der aufgewendeten Sorgfalt möglich sind.

Mit freundlicher Empfehlung

Autor und Verlag

Bibliografische Information der Deutschen Bibliothek

Die Deutsche Bibliothek verzeichnet diese Publikation in der Deutschen Nationalbibliografie; detaillierte bibliografische Daten sind im Internet über http://dnb.ddb.de abrufbar.

Kemper

Grundtätigkeiten Löscheinsatz

Reihe: Fachwissen Feuerwehr

1. Auflage 2002

Justus-von-Liebig-Straße 1, 86899 Landsberg/Lech

Telefon 08191/125-0, Telefax 08191/125-594
Internet: http://www.ecomed-SICHERHEIT.de
E-Mail: info@ecomed.de

Satz: abc.Mediaservice GmbH, 86807 Buchloe
Druck: Kessler Verlagsdruckerei, 86399 Bobingen
Printed in Germany 620097/1102605
ISBN: 3-609-62097-8

Vorwort

Die Anforderungen an die Angehörigen der Freiwilligen Feuerwehren, Berufsfeuerwehren, Werk- und Betriebsfeuerwehren haben sich im Laufe der Jahre erheblich verändert. Genügten früher die Kenntnisse der normalen Brandbekämpfung, müssen heute selbst kleine Feuerwehren die unterschiedlichsten Notlagen meistern, um in Not geratene Mitmenschen oder Tiere zu retten, Sachwerte zu erhalten und die Umwelt vor Schaden zu bewahren.

Dies ist nur noch möglich, wenn für die Feuerwehrangehörigen eine umfassende und wirksame Aus- und Weiterbildung angeboten und durchgeführt wird.

Diese Forderung steht jedoch dem Problem gegenüber, dass diese Aus- und Weiterbildung von den meist freiwillig tätigen Angehörigen der Feuerwehren zusätzlich zu den immer weiter steigenden Anforderungen im Berufsleben geleistet werden muss.

Letztlich liegt es an jedem Feuerwehrangehörigen selbst, ob und in welchem Umfang er bereit ist, sich durch eine regelmäßige und aktive Teilnahme an der Aus- und Weiterbildung den gesteigerten Anforderungen der Feuerwehr zu stellen.

Das Ziel der Broschürenreihe „Fachwissen Feuerwehr“ besteht darin, die Feuerwehrangehörigen mit dem Wissen auszustatten, das in der heutigen Zeit erforderlich ist, um aufgabengerecht und wirkungsvoll tätig zu werden.

Sie ist vorrangig für die Feuerwehrangehörigen vorgesehen, die erstmals in das Thema Feuerwehr „einsteigen“ und für diejenigen, die im Rahmen ihrer Weiterbildung an einer zusätzlichen Ausbildung teilnehmen bzw. für die die Beschäftigung mit diesen Themen ein Teil ihrer beruflichen Tätigkeit ist.

Vorwort

Die Gliederung der Broschüren entspricht weitgehend der Gliederung der Feuerwehr-Dienstvorschrift FwDV 2/2 „Ausbildung der Freiwilligen Feuerwehr – Musterausbildungspläne". Deshalb können diese Ausarbeitungen auch gut zur Lehrgangsvorbereitung und -begleitung genutzt werden. Das praktische Broschürenformat ermöglicht eine leichte Handhabung in der Praxis.

Die Texte und Abbildungen sind in leicht verständlicher Weise dargestellt, wichtige Hinweise und Merksätze filtern die für die Praxis wichtigen Informationen heraus. Auf die Verwendung spezieller Formeln und wenig gebräuchlicher Begriffe und Einheiten wird weitgehend verzichtet. Die Angaben technischer Daten erfolgt ohne Gewähr.

Die Funktionsbezeichnungen und personenbezogenen Begriffe gelten sowohl für weibliche, als auch für männliche Feuerwehrangehörige.

Die Broschüre **„Grundtätigkeiten Löscheinsatz"** befasst sich mit den Grundlagen, die zur einheitlichen Ausbildung der Feuerwehrangehörigen und für die sachgerechte Durchführung von Brandbekämpfungen notwendig sind.

Jeder Brand stellt für die Feuerwehr eine neue, in dieser Form noch nicht erlebte Situation dar. Der Erfolg der Brandbekämpfung hängt in erheblichem Maße davon ab, wie sich die Feuerwehr den gegebenen Umständen anzupassen vermag.

Sichere und schnelle Einsatzabläufe sind dabei nur erreichbar, wenn die Feuerwehrangehörigen die zweckmäßigen Handgriffe und richtigen Bewegungsabläufe kennen, die für die Durchführung der Löscheinsätze erforderlich sind.

Der Herausgeber bedankt sich besonders bei der Feuerwehr Borchen, Löschzug Dörenhagen für die Unterstützung bei der Erstellung der Broschüre.

Geseke, November 2002 Hans Kemper

Inhalt

1 Einleitung

Die Feuerwehren haben die Aufgabe, nach bestimmten einsatztaktischen Grundsätzen einen Brand zu bekämpfen und hierbei die verfügbaren Einsatzkräfte und -mittel möglichst wirksam einzusetzen. Neben den taktisch richtigen Entscheidungen der Führungskräfte ist eine wirksame Brandbekämpfung im Wesentlichen vom richtigen Verhalten der Einsatzkräfte abhängig.

Die vorgehenden Trupps müssen bei der Ausführung ihres Auftrages selbst in der Lage sein, Maßnahmen fachlich richtig durchzuführen, weitere Umstände und Einzelheiten der Lage zu erkunden und ihr weiteres Vorgehen daran auszurichten.

Abbildung 1: Löscheinsatz der Feuerwehr
(Quelle: DVW Dietrich + Vonhof, Wuppertal)

In den Feuerwehr-Dienstvorschriften FwDV 3 bzw. FwDV 4 ist festgelegt, wie eine Staffel bzw. eine Gruppe im Löscheinsatz zu arbeiten hat. Im Sinne dieser Feuerwehr-Dienstvorschriften sind Löscheinsätze alle Tätigkeiten der Feuerwehr, bei denen Strahlrohre vorgenommen werden müssen. Die für die Durchführung der Brandbekämpfung notwendigen Grundtätigkeiten der Einsatzkräfte werden in der Feuerwehr-Dienstvorschrift FwDV 1/1 „Grundtätigkeiten – Löscheinsatz und Rettung" beschrieben.

Diese bundeseinheitlichen Feuerwehr-Dienstvorschriften gelten aber nicht nur für die Ausbildung, sondern vor allem auch für den Einsatz.

Die Brandbekämpfung lässt sich in verschiedene Abschnitte unterteilen:

- Alarmierung und Anfahrt zur Einsatzstelle
- Aufstellung der Einsatzfahrzeuge
- Erkundung und Beurteilung der Lage
- Auswahl geeigneter Löschmittel und -verfahren
- Aufbau einer Löschwasserversorgung
- Schaffung eines Zuganges und Angriffsweges
- Durchführung der Brandbekämpfungsmaßnahmen
- Ableiten von Rauch und Wärme
- Durchführung von Nachlösch- und Aufräumarbeiten
- Wiederherstellung der Einsatzbereitschaft

In den folgenden Kapitel werden aus diesen Abschnitten vor allem die Bereiche behandelt, die als Grundtätigkeiten für die einzelnen Einsatzkräfte von besonderer Bedeutung sind. Sicheres und schnelles Arbeiten an einer Einsatzstelle ist nämlich nur dann erreichbar, wenn die Feuerwehrangehörigen auch zweckmäßige Handgriffe und Bewegungsabläufe beherrschen.

Hinweis: Die bildlichen Darstellungen in den folgenden Kapiteln sagen aus, wie bestimmte Geräte getragen und gehandhabt werden **können!**

Bei Löscheinsätzen muss darüber hinaus grundsätzlich mit besonderen Unfallgefahren und dem Auftreten von Sauerstoffmangel und/oder dem Vorhandensein von gesundheitsgefährdenden Stoffen gerechnet werden. Deshalb kommt der Unfallverhütung und dem Schutz vor Atemgiften bei den Löscheinsätzen der Feuerwehr eine besondere Bedeutung zu.

Die grundsätzlichen Regeln der Unfallverhütung und des Atemschutzeinsatzes werden in den Broschüren „Unfallverhütung“ und „Atemschutz-Geräteträger“ der Reihe Fachwissen Feuerwehr behandelt.

Obwohl sich jeder Brand und jeder sonstige Löscheinsatz voneinander unterscheidet, gibt es doch Tätigkeiten, die sich bei allen gleichartigen Einsätzen wiederholen. Um bei der Abwicklung eines Löscheinsatzes keine Zeit zu verlieren, werden jeder Einsatzkraft durch den Einsatzleiter bestimmte Aufgabenbereiche zugeteilt, mit denen sie so vertraut sein muss, dass die entsprechenden Handlungen weitgehend automatisch verrichtet werden. Dieses „automatische“ Handeln ist eine wichtige Voraussetzung für einen zügigen und erfolgreichen Einsatz.

Es ist für den Einzelnen sicher mühsam und mitunter auch langweilig, immer wieder Grundübungen durchzuführen oder allgemeine taktische Regeln zu trainieren. Aber alles das, was nicht „in Fleisch und Blut“ übergegangen ist, klappt unter Zeitdruck und psychischer Anspannung nur zufällig oder eben gar nicht.

2 Taktische Einheiten

Unter dem Begriff „Taktische Einheiten“ werden die Einsatzkräfte, ihre Fahrzeuge und Ausrüstungen zusammengefasst. Eine taktische Einheit hat zur Bewältigung bestimmter Einsatzaufgaben eine festgelegte Mannschaftsstärke und Geräteausstattung. Sie kann selbständig oder auch als Teil größerer Gliederungen zum Einsatz kommen.

2.1 Gliederung der taktischen Einheiten

Die Einsatzkräfte der Feuerwehr werden folgenden taktischen Einheiten zugeordnet:

Trupp, Staffel, Gruppe, Zug oder Verband

Die Mannschaft gliedert sich in Führungskräfte und die übrigen Mannschaftsmitglieder. Die Mannschaftsstärke, die Art und der Umfang des Gerätes sowie die Benennung der taktischen Einheiten ergeben sich aus den Festlegungen in den jeweiligen Feuerwehr-Dienstvorschriften.

2.1.1 Der Trupp

Der Trupp ist eine taktische Einheit zum Durchführen bestimmter Einsatzaufgaben. Er besteht aus:

einem Truppführer
zwei Truppmännern

Ein Angriffstrupp, Schlauchtrupp, Tauchtrupp o. Ä. kann eine Einheit unterschiedlicher Stärke sein; seine Zusammensetzung richtet sich nach dem jeweiligen Einsatzauftrag.

Von einem Trupp kann z.B. eine Drehleiter, ein Tanklöschfahrzeug TLF 16/24-Tr, ein TLF 24/50 oder ein Rüstwagen besetzt werden. Ein Trupp allein ist durchaus in der Lage, Einsätze wie z.B. Kleinbrände außerhalb von Gebäuden, Müllcontainerbrände, Pkw-Brände oder die Beseitigung von ausgelaufenem Kraftstoff bei Verkehrsunfällen zu bewältigen, sofern keine zusätzlichen Tätigkeiten wie z.B. Sicherung der Einsatzstelle, Aufbau der Wasserversorgung, Vorgehen unter Atemschutz o. Ä. erforderlich sind.

2.1.2 Die Staffel (gemäß FwDV 3)

Die Staffel ist eine taktische Einheit zur selbständigen Durchführung bestimmter Einsatzaufgaben. Sie besteht aus:

einem Staffelführer
einem Maschinisten
zwei Truppführern
zwei Truppmännern

Es können auch zwei Trupps zu einer Staffel zusammengefasst werden.

Von einer Staffel kann z.B. ein Tanklöschfahrzeug TLF 16/25 oder ein Tragkraftspritzenfahrzeug besetzt werden. Für die Bekämpfung von Kleinbränden, die durch die Vornahme von zwei Strahlrohren gelöscht werden können oder für einfache technische Hilfeleistungen kann eine Staffel schon ausreichend sein. Diese Tätigkeiten können auch unter Atemschutz bei gleichzeitiger Stellung eines Rettungstrupps durchgeführt werden.

2.1.3 Die Gruppe (gemäß FwDV 4)

Die Gruppe ist die „Standardeinheit“ der Feuerwehr. Sie ist eine taktische Einheit zur selbständigen Durchführung bestimmter Einsatzaufgaben. Sie besteht aus:

einem Gruppenführer
einem Melder
einem Maschinisten
drei Truppführern
drei Truppmännern

Es können auch drei Trupps oder ein Trupp und eine Staffel zu einer Gruppe zusammengefasst werden.

Von einer Gruppe werden Löschgruppenfahrzeuge besetzt. Die Gruppe kann z. B. zur Rettung von Personen über tragbare Leitern, zur Rettung von eingeklemmten Personen bei Verkehrsunfällen oder zur Bekämpfung von Mittelbränden mit zwei oder drei Strahlrohren eingesetzt werden. Diese Tätigkeiten können auch unter Atemschutz bei gleichzeitiger Stellung eines Rettungstrupps durchgeführt werden

2.1.4 Der Zug (gemäß FwDV 5)

Der Zug ist eine Einheit zum Durchführen umfangreicher Einsatzaufgaben. Er besteht aus:

einem Führungstrupp
zwei Gruppen oder einer entsprechenden Anzahl von Staffeln und/oder Trupps

Der Zug kann selbständig für die Durchführung von Einsätzen, auch getrennten Einsätzen, größeren Umfangs eingesetzt werden, wenn z. B. bei einem Einsatz mehr als drei Strahlrohre zur Brandbekämpfung erforderlich sind oder bei umfangreichen Rettungsmaßnahmen oder technischen Hilfeleistungen, wenn Arbeiten zu erledigen sind, die die Mannschaft und Ausrüstung einer Gruppe allein überfordern.

Symbol*	Funktion	Symbol*	Funktion
A-Tr	Angriffstruppmann	Ma	Maschinist oder Fahrer
A-Tr	Angriffstruppführer	Me	Melder
W-Tr	Wassertruppmann		Staffelführer
W-Tr	Wassertruppführer		Gruppenführer
S-Tr	Schlauchtruppmann		Zugführer
S-Tr	Schlauchtruppführer	* Die Symbole entsprechen den Vorgaben der FwDV 100. Zur besseren Kenntlichmachung wurden sie in dieser und den folgenden Abbildungen zusätzlich farblich hinterlegt.	

Abbildung 2: Funktionen in den taktischen Einheiten

2.2 Aufgaben der Einsatzkräfte

Um den Feuerwehren eine einheitliche Anleitung zum Handeln zu geben, wurden die Feuerwehr-Dienstvorschriften (FwDV) erlassen. Darin sind u. a. die Einteilungen der Mannschaft und deren Aufgaben festgelegt.

2.2.1 Feuerwehr-Dienstvorschrift FwDV 4

In der FwDV 4 sind die Grundlagen für das Vorgehen der Gruppe bei einem Löscheinsatz beschrieben. Die Aufgaben der einzelnen Einsatzkräfte sind:

Tabelle 1: Aufgaben der Gruppe gemäß FwDV 4

Funktion	Aufgabe
Gruppenführer	leitet den Einsatz der Gruppe, er ist an keinen bestimmten Platz gebunden.
Maschinist	fährt das Einsatzfahrzeug und bedient die Pumpe sowie die Sonderaggregate.
Melder	übermittelt Nachrichten und übernimmt besondere Aufgaben (z. B. zweiter Maschinist).
Angriffstrupp	rettet und nimmt das 1. Rohr vor.
Wassertrupp	rettet, stellt die Wasserversorgung bis zum Verteiler her und wird dann zweiter Angriffstrupp.
Schlauchtrupp	rettet, setzt den Verteiler, stellt die Wasserversorgung zwischen Verteiler und den Strahlrohren her und wird dann dritter Angriffstrupp.

2.2.2 Feuerwehr-Dienstvorschrift FwDV 3

In der FwDV 3 sind die Grundlagen für das Vorgehen der Staffel bei einem Löscheinsatz beschrieben. Im Vergleich zur FwDV 4 fehlen in der Mannschaft der Melder und der Schlauchtrupp. Deren Aufgaben müssen deshalb vom Staffelführer und vom Angriffstrupp mit übernommen werden.

Tabelle 2: Aufgaben der Staffel gemäß FwDV 3

Funktion	Aufgabe
Staffelführer	leitet den Einsatz der Staffel, **übermittelt Nachrichten,** er ist an keinen bestimmten Platz gebunden.
Maschinist	fährt das Einsatzfahrzeug und bedient die Pumpe sowie die Sonderaggregate.
Angriffstrupp	rettet, **setzt den Verteiler** und nimmt das 1. Rohr vor.
Wassertrupp	rettet, stellt die Wasserversorgung bis zum Verteiler her und wird dann zweiter Angriffstrupp.

2.2.3 Feuerwehr-Dienstvorschrift FwDV 5

Die FwDV 5 regelt die Aufgaben eines Zuges im Löscheinsatz. Der Zugführer teilt den einzelnen Gruppen ihre Aufgaben zu, die diese dann weitgehend selbständig durchführen können. Die Aufgaben gliedern sich wie folgt:

Tabelle 3: Aufgaben des Zuges gemäß FwDV 5

Funktion	Aufgabe
Zugführer	leitet den Einsatz des Zuges und erteilt den Gruppen seine Befehle.
Gruppenführer z.b. V.	steht für besondere Aufgaben zur Verfügung und ist stellvertretender Zugführer.
Melder	übermittelt Nachrichten und übernimmt besondere Aufgaben.
Fahrer	fährt das Einsatzleitfahrzeug und übernimmt besondere Aufgaben.
1. Gruppe	arbeitet entsprechend der FwDV 4.
2. Gruppe	arbeitet entsprechend der FwDV 4.

2.3 Sitz- und Antreteordnung

Eine Gruppe als taktische Einheit rückt entweder mit einem Löschgruppenfahrzeug oder mit einem Staffel- und einem Truppfahrzeug aus. Die Sitzordnung in diesen Fahrzeugen ist in der Feuerwehr-Dienstvorschrift FwDV 4 beschrieben.

Da die meisten neu beschafften Löschgruppenfahrzeuge im Mannschaftsraum über Halterungen für Atemschutzgeräte für die Ausrüstung des Angriffstrupps verfügen, bei einem Löschgruppenfahrzeug LF 16/12 gemäß DIN 14530-11ist dies immer der Fall, ist eine andere Sitzordnung erforderlich.

- **Bei dieser Art der Fahrzeugausstattung tauschen der Schlauchtruppführer und der Angriffstruppführer sowie der Schlauchtruppmann und der Angriffstruppmann ihre Plätze.**

In den Staffelfahrzeugen TLF 16/25 (ohne im Mannschaftsraum untergebrachte Atemschutzgeräte), TSF-W und TSF mit Doppelkabine und abgesetztem Aufbau sitzen der Angriffs- und Wassertrupp mit Blick in Fahrtrichtung nebeneinander im Mannschaftsraum.

In einem TLF 16/25 mit Halterungen für Atemschutzgeräte im Mannschaftsraum oder einem TSF als Kastenwagen sitzt der Angriffstrupp mit dem Rücken zur Fahrtrichtung und der Wassertrupp mit Blick in Fahrtrichtung im Mannschaftsraum.

Nach dem Befehl Absitzen stellt sich die Gruppe in der Regel hinter dem Fahrzeug auf. In besonderen Fällen, z.B. bei Gefahren durch fließenden Verkehr kann auch eine Aufstellung vor dem Fahrzeug erforderlich sein.

Sitzordnung in einem Löschgruppenfahrzeug

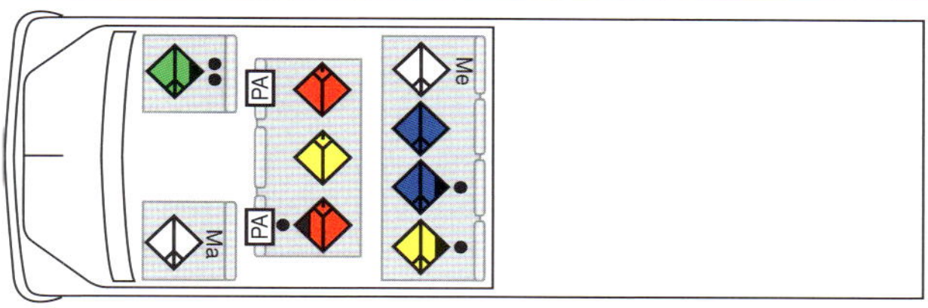

Sitzordnung in einem Löschgruppenfahrzeug mit Halterungen für Atemschutzgeräte im Mannschaftsraum

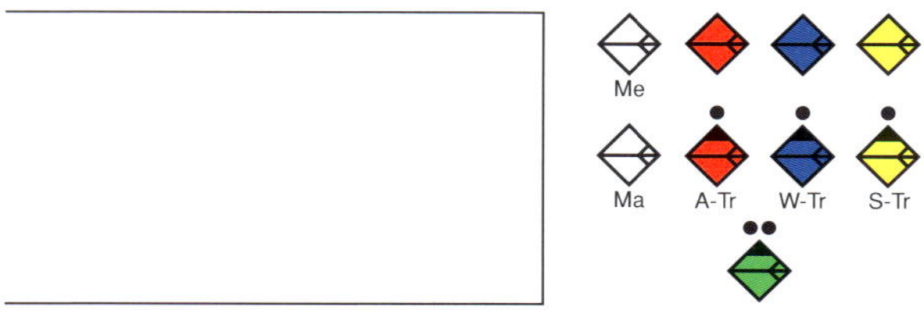

Antreteordnung hinter dem Fahrzeug

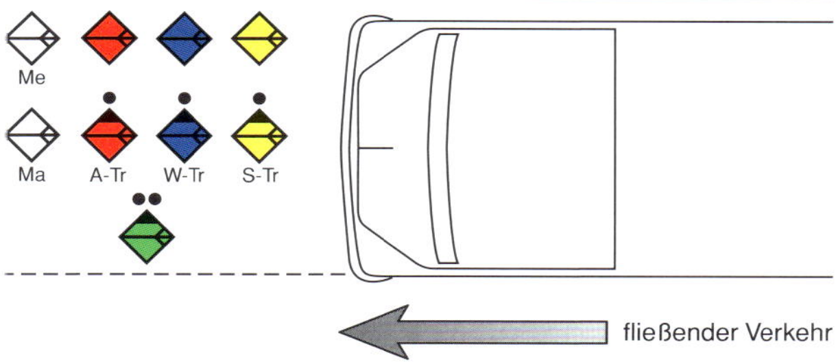

Antreteordnung vor dem Fahrzeug bei Gefahren durch fließenden Straßenverkehr

Abbildung 3: Sitz- und Antreteordnungen

2.4 Selbstkontrolle und Testfragen

(Lösungen siehe Seite 68)

1. Welche taktischen Einheiten sind für den Einsatz der Feuerwehr vorgesehen?

a) Trupp, Staffel, Gruppe, Mannschaft
b) Trupp, Staffel, Gruppe
c) Mannschaft und Gerät
d) Gruppe, Staffel, Team

2. In welchen Feuerwehr-Dienstvorschriften sind Regelungen für Löscheinsätze festgelegt?

a) FwDV 3 „Die Staffel im Löscheinsatz“
b) FwDV 4 „Die Gruppe im Löscheinsatz“
c) FwDV 7 „Die Mannschaft im Löscheinsatz“
d) FwDV 1/1 „Grundtätigkeiten – Löscheinsatz und Rettung“

3. Welche Aufgaben hat der Wassertrupp bei einem Löscheinsatz gemäß FwDV?

a) Er rettet, stellt die Wasserversorgung bis zum Verteiler her und wird dann zweiter Angriffstrupp.
b) Er rettet, stellt die Wasserversorgung bis zu den Strahlrohren her und wird dann zweiter Angriffstrupp.
c) Er stellt sich an der Wasserentnahmestelle bereit.

4. Mit wem tauscht der Angriffstrupp die Plätze, wenn das Löschgruppenfahrzeug mit Halterungen für Pressluftatmer im Mannschaftsraum ausgestattet ist?

a) Mit dem Wassertrupp
b) Mit dem Gruppenführer und Melder
c) Mit dem Schlauchtrupp

3 Fahrzeuge und Geräte

Damit die Einsatzkräfte der Feuerwehren bei einer Brandbekämpfung schnelle und wirksame Hilfe leisten können, stehen ihnen Löschfahrzeuge zur Verfügung, mit denen sie zu den jeweiligen Einsatzstellen ausrücken und dort entsprechend ihrer Aufgabenstellung tätig werden können.

3.1 Arten der Feuerwehrfahrzeuge

Je nach Größe der taktischen Einheiten werden von den Feuerwehren verschiedene genormte Löschfahrzeuge mit Trupp-, Staffel- oder Gruppenbesatzung verwendet. Darüber hinaus sind bei den Feuerwehren auch Sonderfahrzeuge, Fahrzeuge nach Landesrichtlinien u. Ä. vorhanden.

Genormte Löschfahrzeuge mit Truppbesatzung sind die Tanklöschfahrzeuge **TLF 16/24-Tr** und **TLF 24/50.** Sie sind aufgrund ihres mitgeführten Löschwasservorrates besonders für die Durchführung eines Schnellangriffs und zur Versorgung von Einsatzstellen mit Löschwasser geeignet.

TLF 16/24-Tr

TLF 24/50

Abbildung 4: Löschfahrzeuge mit Truppbesatzung (Quellen: Schlingmann, Dissen und Iveco Magirus, Ulm)

Genormte Löschfahrzeuge mit Staffelbesatzung sind die Tragkraftspritzenfahrzeuge **TSF** und **TSF-W** und das Tanklöschfahrzeug **TLF 16/25.** Sie bilden mit ihrer Besatzung jeweils selbstständige taktische Einheiten und dienen überwiegend der Brandbekämpfung. Das TLF 16/25 ist aufgrund seines mitgeführten Löschwasservorrates aber auch für die Durchführung eines Schnellangriffs und zur Versorgung von Einsatzstellen mit Löschwasser geeignet.

TSF

TSF-W

TLF 16/25

Abbildung 5: Löschfahrzeuge mit Staffelbesatzung (Quellen: Schlingmann, Dissen und Iveco Magirus, Ulm)

Genormte Löschfahrzeuge mit Gruppenbesatzung sind die Löschgruppenfahrzeuge **LF 8/6, LF 16/12** und **LF 16-TS.** Sie sind aufgrund der Mannschaft und der mitgeführten Ausrüstung in der Regel die Standardfahrzeuge der Feuerwehren und bilden mit ihrer Besatzung jeweils selbstständige taktische Einheiten. Löschgruppenfahrzeuge dienen überwiegend der Brandbekämpfung, der Förderung von Wasser und der Durchführung technischer Hilfeleistungen.

LF 8/6

LF 16-TS

LF 16/12

Abbildung 6: Löschfahrzeuge mit Gruppenbesatzung (Quelle LF 16/12: FGL, Luckenwalde)

Hinweis: Genaue Angaben zu den einzelnen Ausführungen der Löschfahrzeuge können der Broschüre „Fahrzeugkunde Teil 2“ entnommen werden.

3.2 Persönliche Schutzausrüstung

Die Art und der Umfang der persönlichen Schutzausrüstung der Einsatzkräfte richtet sich zunächst nach der Vorgaben der Unfallverhütungsvorschriften und besteht mindestens aus

- **Feuerwehrschutzanzug,**
- **Feuerwehrhelm mit Nackenschutz,**
- **Feuerwehrschutzhandschuhe,**
- **Feuerwehrschutzschuhwerk.**

Diese Mindestausrüstung kann gegebenenfalls entsprechend den Erfordernissen des Einsatzes ergänzt werden durch z. B.:

- **Feuerwehrsicherheitsgurt mit Feuerwehrbeil,**
- **Feuerwehrleine mit Leinenbeutel,**
- **Atemschutzgerät,**
- **Warnkleidung.**

Abweichungen in der persönlichen Ausrüstung sind entsprechend der Unfallverhütungsvorschrift „Feuerwehr“ auf Weisung des Führers der taktischen Einheit möglich.

3.3 Einsatzausrüstung

Die Einsatzausrüstung wird durch den Führer der taktischen Einheit angeordnet. Ergänzungen oder Abweichungen sind je nach Einsatzart und Lage zulässig.

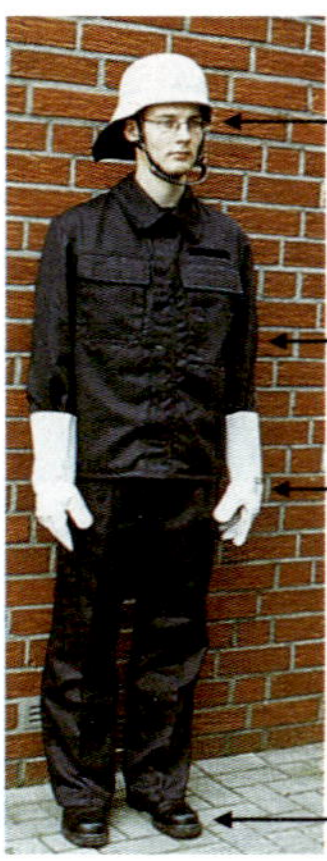

Abbildung 7: Mindestausrüstung gemäß Unfallverhütungsvorschrift

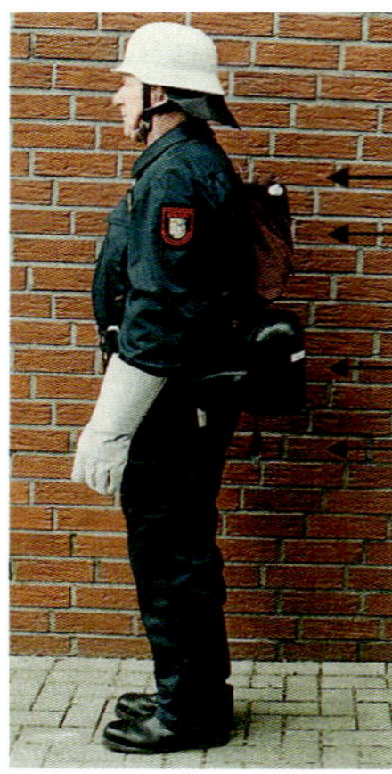

Abbildung 8: Zusätzliche Ausrüstung gemäß FwDV

Die Einsatzausrüstung des Führers der taktischen Einheit besteht aus der Mindestausrüstung gemäß UVV ergänzt durch ein Beleuchtungsgerät und gegebenenfalls ein Handsprechfunkgerät.

Die Einsatzausrüstung eines Angriffstrupps besteht aus der Mindestausrüstung gemäß UVV. Sie wird bei dem Truppführer ergänzt durch ein Beleuchtungsgerät und einen Feuerwehr-Sicherheitsgurt und gegebenenfalls durch ein Handsprechfunkgerät und bei dem Truppmann durch einen Feuerwehr-Sicherheitsgurt, ein C-Strahlrohr und einen Schlauchhalter.

Beispiele für weitere Einsatzausrüstungen:

Ausrüstung auf Befehl: „Zum Einsatz fertig“	
Truppführer	Beleuchtungsgerät und ggf. Handsprechfunkgerät
Truppmann	C-Strahlrohr und Schlauchhalter

Ausrüstung auf Befehl: „… 1. Rohr … vor !“	
Truppführer	Beleuchtungsgerät und ggf. Handsprechfunkgerät
Truppmann	C-Strahlrohr und Schlauchhalter

Ausrüstung auf Befehl: „… B-Rohr … vor !“	
Truppführer	Beleuchtungsgerät und ggf. Handsprechfunkgerät
Truppmann	B-Strahlrohr, Stützkrümmer und Schlauchhalter

Ausrüstung auf Befehl: „… Schaumrohr …vor !“	
Truppführer	Beleuchtungsgerät, Schaummittelbehälter ggf. Handsprechfunkgerät
Truppmann	Schaumrohr, Zumischer, Ansaugschlauch, Schlauchhalter

Ausrüstung auf Befehl: „…Schnellangriff … vor !“	
Truppführer	Beleuchtungsgerät und ggf. Handsprechfunkgerät
Truppmann	S-Rohr

3.4 Selbstkontrolle und Testfragen

(Lösungen siehe Seite 68)

1. Welche genormten Löschfahrzeuge werden von den Feuerwehren verwendet?

a) Löschgruppenfahrzeuge
b) Löschtruppfahrzeuge
c) Tanklöschfahrzeuge
d) Staffeltanklöschfahrzeuge

2. Welche persönliche Schutzausrüstung müssen Einsatzkräfte gemäß Unfallverhütungsvorschrift mindestens tragen?

a) Die Mindestausstattung legt immer der Einsatzleiter fest.
b) Feuerwehrschutzanzug, Feuerwehrhelm mit Nackenschutz, Feuerwehrschutzhandschuhe und Feuerwehrschutzschuhwerk
c) Feuerwehrschutzanzug, Feuerwehrhelm, Feuerwehrschutzhandschuhe, Feuerwehrschutzschuhwerk und Warnkleidung

3. Welche Einsatzausrüstung ist für den Führer einer taktische Einheit festgelegt?

a) Mindestausstattung und Warnkleidung
b) Mindestausstattung und Dienstmütze
c) Mindestausstattung, Beleuchtungsgerät, ggf. Handsprechfunkgerät
d) Einsatzausrüstung richtet sich immer nur nach der jeweiligen Lage.

4. Welche Einsatzausrüstung ist für den Angriffstrupp bei der Vornahme eines B-Rohres festgelegt?

a) Beleuchtungsgerät, ggf. Handsprechfunkgerät, Schlauchhalter, B-Strahlrohr, Übergangsstück
b) Beleuchtungsgerät, ggf. Handsprechfunkgerät, Schlauchhalter, B-Strahlrohr, Stützkrümmer

4 Einsatzbeginn für die Feuerwehr

Jeder Brandeinsatz der Feuerwehr beginnt mit der Alarmierung der Einsatzkräfte z. B. durch einen Wachalarm bei einer Berufsfeuerwehr oder einer Feuerwehr mit hauptamtlichen bzw. hauptberuflichen Einsatzkräften oder über Funkmeldeempfänger oder Sirenen bei Freiwilligen Feuerwehren.

Das Alarmierungsstichwort und die Angabe des Einsatzortes gibt den Führungs- und Einsatzkräften erste Hinweise auf die bevorstehenden Aufgaben.

Die Einsatzkräfte der Freiwilligen Feuerwehr begeben sich auf schnellstem Wege zu ihrem Feuerwehrhaus, rüsten sich aus, rücken mit den Einsatzfahrzeugen zur Einsatzstelle aus und stellen die Fahrzeuge dort unter einsatztaktischen Gesichtpunkten auf.

4.1 Anrücken der Einsatzkräfte

Für die nebenberuflichen Einsatzkräfte der Freiwilligen Feuerwehr folgt nach der Alarmierung zunächst der Weg zum Feuerwehrhaus. Dieser ist zügig, aber unter Beachtung der Straßenverkehrsordnung und der erforderlichen Sicherheit zurückzulegen.

Bevor die Einsatzfahrzeuge besetzt werden, muss jeder seine persönliche Schutzausrüstung und gegebenenfalls zusätzliche Schutzausrüstungen für die Brandbekämpfung (Feuerwehr-Überjacke und -Überhose, Kopfhaube u. Ä.) anlegen. Ein Umkleiden während der Einsatzfahrt im Mannschaftsraum des Fahrzeuges ist aus Sicherheitsgründen zu vermeiden; allenfalls sind Korrekturen am Sitz der Schutzausrüstung möglich.

Merke: Ohne vollständige Schutzausrüstung darf ein Feuerwehrangehöriger nicht eingesetzt werden! Abweichungen in der persönlichen Ausrüstung gemäß Feuerwehr-Dienstvorschrift sind aber möglich. Diese Abweichungen sind jedoch von dem Führer der taktischen Einheit zu bestimmen!

4.2 Ausrücken zur Einsatzstelle

Sind in der Feuerwehr mehrere Einsatzfahrzeuge vorhanden, ist entsprechend dem genannten Alarmierungsstichwort und der Ausrückeordnung in der vorgesehenen Reihenfolge mit den festgelegten Einsatzfahrzeugen auszurücken. In Zweifelsfällen bestimmt der verantwortliche Zug- oder Gruppenführer die Art, Anzahl und Ausrückefolge der Einsatzfahrzeuge.

Die Mannschaft kann auf der Fahrt zur Einsatzstelle eingeteilt werden bzw. die für den jeweiligen Sitzplatz vorgesehene Funktion übernehmen.

Abbildung 9: Anfahrt zur Einsatzstelle
(Quelle: DVW Dietrich + Vonhof, Wuppertal)

Der Fahrzeugführer (Gruppen-, Staffel- oder Truppführer) muss beim Ausrücken folgende Grundsätze beachten:

- Nur mit einsatzbereitem, betriebssicherem Fahrzeug ausrücken.
- Nur mit fahrtüchtigem Fahrer ausrücken. Dieser muss die notwendige Fahrerlaubnis besitzen und am Fahrzeug unterwiesen sein. Er darf außerdem nicht alkoholisiert und muss gesund sein.
- Nur ausrücken, wenn Fahrtziel und Anfahrtweg bekannt sind.
- Abfahrbefehl erst gegeben, wenn die Fahrzeugtüren geschlossen sind und die Ausfahrt frei ist.
- Nicht mit über- oder unterbesetztem Fahrzeug ausrücken. Bei Brandeinsätzen auf ausreichende Zahl von Atemschutzgeräteträgern achten.
- Beim Ausrücken Meldung mit Funkrufnamen, Alarmierungsstichwort, Einsatzort und Mannschaftsstärke an die zuständige Leitstelle geben. Beispiel: ***„Florian Paderborn 24–23–4 – zum Scheunenbrand – Sternstraße 27 – mit 1/4 – aus“.***

4.2.1 Inanspruchnahme von Sonder- und Wegerechten

Auf der Fahrt zur Einsatzstelle ist der Maschinist für die Sicherheit der Besatzung und des Fahrzeuges verantwortlich. Werden Sonder- und Wegerechte in Anspruch genommen, die Entscheidung hierüber liegt jedoch nicht beim Maschinist, sondern zunächst grundsätzlich beim Gruppen- bzw. Staffel- oder Truppführer, ist die gleichzeitige Verwendung der Kennleuchten mit blauem Blinklicht und der akustischen Warneinrichtung erforderlich.

Trotz der Verantwortung des Maschinisten während der Alarmfahrt ist der Gruppen-, Staffel- bzw. Truppführer verpflichtet, ständig darauf zu achten, dass der Maschinist die Sonderrechte unter gebührender Berücksichtigung der vorliegenden Verkehrsverhältnisse in Anspruch nimmt.

Merke: Falls notwendig, ist der Gruppen-, Staffel bzw. Truppführer verpflichtet, auf die Fahrweise des Maschinisten **mäßigend** einzuwirken!

4.2.2 Vorbereitung auf den Einsatz

Die Anfahrt zur Einsatzstelle bietet den Einsatzkräften die Möglichkeit, sich auf den Einsatz vorzubereiten. Dabei ist es wichtig, dass sich jede Einsatzkraft soweit als möglich mit der Einsatzlage und den damit verbundenen möglichen Aufgaben vertraut macht.

Hierzu können folgende Vorbereitungen gehören:

- Alle dem Gruppen-, Staffel- bzw. Truppführer bekannten Informationen über die Gefahren- und Schadenlage, die sich aus den Informationen der Leitstelle, aus Einsatzunterlagen o. Ä. ergeben, sind der Mannschaft mitzuteilen.
- Die Funktionseinteilung, die sich aus der Sitzordnung im Fahrzeug ergibt, ist zu überprüfen. Gegebenenfalls sind Änderungen in der Mannschaftseinteilung anzuordnen. Wichtig ist z. B., dass die Positionen des Angriffstrupps mit Atemschutzgeräteträgern besetzt sind.
- Anhand von Feuerwehrplänen, Feuerwehr-Einsatzplänen o. Ä. kann sich der Gruppen-, Staffel- bzw. Truppführer auf den Einsatz vorbereiten. Der Wassertrupp kann u. U. im Hydrantenverzeichnis schon eine geeignete Wasserentnahmestelle suchen.
- In Fahrzeugen, die entsprechend ausgerüstet sind, ist, falls erforderlich, die Atemschutzausrüstung vom Angriffstrupp schon bei der Anfahrt zur Einsatzstelle anzulegen. Dies wird bei möglichst verhaltener Fahrt kurz vor dem Erreichen der Einsatzstelle durchgeführt.

  Auf keinen Fall dürfen Pressluftatmer aus den Geräteräumen entnommen und während der Anfahrt aufgesetzt oder die Arretierung des Pressluftatmers in der Halterung im Mannschaftsraum vor dem endgültigen Stillstand des Fahrzeuges gelöst werden.

4.3 Aufstellen der Einsatzfahrzeuge

Der Gruppen-, Staffel- bzw. Truppführer legt die Aufstellung des Fahrzeuges an der Einsatzstelle fest. Dabei achtet er darauf, dass das Fahrzeug einsatzfähig und ungefährdet bleibt. Das Fahrzeug muss außerhalb des Gefahrenbereiches, z.B. einstürzende Gebäudeteile, Wärmestrahlung, Hochspannungsleitungen, Explosionsbereiche o. Ä. abgestellt werden.

Merke: Fahrzeug nicht zu nahe an die Einsatzstelle ! Nicht eingesetzte Einsatzkräfte bleiben beim Fahrzeug!

Bei der Aufstellung des Fahrzeuges muss berücksichtigt werden, dass der **Zugang zur Einsatzstelle nicht behindert** wird und keine Zufahrten oder Eingänge verstellt werden und dass das Fahrzeug später möglichst nicht von Schlauchleitungen „eingeschlossen" wird.

Damit die **Durchführung der Einsatzmaßnahmen nicht behindert** wird, ist das Fahrzeug so aufzustellen, dass Einsatzkräfte ungefährdet tätig werden können. Deshalb darf das Fahrzeug nicht zu nah an Gräben, Böschungen u. Ä. abgestellt werden; es muss ein ausreichender Freiraum um das Fahrzeug herum vorhanden sein.

Beim Abstellen des Fahrzeuges im Straßenraum ist es zum Schutz der Einsatzkräfte unbedingt erforderlich, den **Einsatzbereich durch Absperrmaßnahmen abzusichern** (Verkehrsleitkegel, Blickleuchten, o. Ä.). Bei Dunkelheit ist eine möglichst rasche Ausleuchtung der Einsatzstelle erforderlich.

Anders als z.B. bei Löschfahrzeugen, ist ein **Hubrettungsfahrzeug** aufgrund seines vorgegebenen Benutzungsfeldes auf ganz bestimmte Aufstellplätze an der Einsatzstelle, meist direkt vor dem Einsatzobjekt, angewiesen. Dies muss schon vom Fahrzeugführer des zuerst an der Einsatzstelle eintreffenden Löschfahrzeuges berücksichtigt werden.

Abbildung 10: Aufstellung des zuerst eintreffenden Löschfahrzeuges

Das zuerst an der Einsatzstelle eintreffende Löschfahrzeug sollte nach Möglichkeit an der Einsatzstelle „vorbeifahren“ ohne dabei Querstraßen zu überfahren und dann ca. eine Fahrzeuglänge weiter an der Einsatzstellenseite der Straße anhalten. Dadurch wird Platz für nachfolgende Einsatzfahrzeuge geschaffen und der Maschinist hat vom Bedienstand der Feuerlöschpumpe aus einen Überblick über das Einsatzgeschehen vor dem Einsatzobjekt.

Wenn das Fahrzeug an der Einsatzstellenseite abgestellt wird, sind die Einsatzkräfte besser vor dem fließenden Verkehr geschützt, je nach Lage kann der Verkehr gegebenenfalls sogar weiterlaufen. Weiterhin wird der Einsatz von Schlauchbrücken zur Überquerung der Straße vermieden.

Um eine besonders wirksame und zügige Durchführung von Rettungsmaßnahmen zu ermöglichen, ist es erforderlich **Rettungsfahrzeuge möglichst nah an den Einsatzort** heranzuführen. Deshalb muss ein einfaches Anrücken, eine ausreichende Aufstellfläche und ein problemloses Abrücken von Rettungsfahrzeugen möglich sein.

Während das **Einfahren in Höfe, Sackgassen oder Grundstückeinfahrten** u. U. noch einfach ist, führt das rückwärts Herausfahren in den meisten Fällen zu erheblichen Problemen. Da außerdem in diesen Bereichen der Entwicklungsraum der Einsatzkräfte stark eingeschränkt ist, ist ein Einfahren in Höfe, Sackgassen und Grundstückeinfahrten zu vermeiden.

4.3.1 Lage zur Wasserentnahmestelle

Bei der Wasserentnahme aus Hydranten, kann das Löschfahrzeug soweit vom Hydranten entfernt aufgestellt werden, dass die Hydrantenleistung ausgenutzt wird. Tanklöschfahrzeuge sollten möglichst nah an der Einsatzstelle aufgestellt werden, da dann sofort größere Löschwassermengen verfügbar sind.

Ist die Wasserentnahmestelle weit von der Einsatzstelle entfernt (z.B. weiter als fünf B-Längen) und ist ausreichend Platz für die erforderlichen Fahrzeugbewegungen vorhanden, werden die benötigten Geräte gegebenenfalls an der Einsatzstelle abgelegt, bevor das Fahrzeug zur Wasserentnahmestelle fährt.

4.3.2 Eintreffmeldung

Sobald das Fahrzeug seinen endgültigen Standplatz erreicht hat, ist vom Gruppen-, Staffel- bzw. Truppführer eine Eintreffmeldung an die Leitstelle abzugeben. Diese Meldung enthält mindestens den Funkrufnamen des Fahrzeuges und die Angabe der Einsatzstelle.

Beispiel: *„Florian Paderborn 24–23–4 – Sternstraße 27 – eingetroffen"*.

4.4 Selbstkontrolle und Testfragen

(Lösungen siehe Seite 68)

1. Welche Einsatzgrundsätze sind beim Ausrücken eines Löschfahrzeuges zu beachten?

a) Immer so schnell wie nur möglich ausrücken.
b) Nur ausrücken, wenn Fahrtziel und Anfahrtweg bekannt sind.
c) Auf ausreichende Zahl von Atemschutzgeräteträgern achten.
d) Beim Ausrücken Meldung an die zuständige Leitstelle geben.

2. Welche Möglichkeit haben die Einsatzkräfte, um sich auf der Anfahrt auf den Brandeinsatz vorzubereiten?

a) Der Fahrzeugführer gibt Informationen an die Mannschaft weiter.
b) Der Wassertrupp kann u. U. im Hydrantenverzeichnis eine geeignete Wasserentnahmestelle suchen.
c) Die Mannschaft verhält sich ruhig, damit sich der Fahrzeugführer auf den Einsatz konzentrieren kann.
d) Der Angriffstrupp rüstet sich mit Pressluftatmern aus, wenn entsprechende Halterungen im Mannschaftsraum vorhanden sind.

3. Welche Grundsätze sind bei der Aufstellung der Löschfahrzeuge zu beachten?

a) Zugang zur Einsatzstelle nicht behindern.
b) Rettungsfahrzeuge möglichst nah an den Einsatzort heranführen.
c) Hubrettungsfahrzeuge in größerer Entfernung abstellen.
d) Löschfahrzeug immer unmittelbar neben den Hydranten aufstellen.

4. Wann ist eine Eintreffmeldung abzugeben?

a) Wenn die Brandstelle in Sicht ist.
b) Wenn das Löschfahrzeug anhält.
c) Wenn das Löschfahrzeug seinen endgültigen Standplatz erreicht hat.

5 Aufbau einer Löschwasserversorgung

Gemäß Feuerwehr-Dienstvorschrift FwDV 4 bzw. FwDV 3 hat der Wassertrupp die Aufgabe, die Löschwasserentnahmestelle vorzubereiten und die Wasserversorgung zwischen der Löschwasserentnahmestelle und dem Verteiler aufzubauen.

5.1 Festlegen der Wasserentnahmestelle

Der Gruppen- bzw. Staffelführer legt die Wasserentnahmestelle fest. Ist diesem die Lage der Hydranten im Bereich der Einsatzstelle nicht bekannt, so kann er sich im Rahmen seiner Erkundung selbst nach der Wasserentnahme umsehen. Dies ist aber ein erheblicher Zeitverlust!

Deshalb kann der Gruppen- bzw. Staffelführer auch den Befehl geben:

Bestandteile des Einsatzbefehls	Beispiel
Wasserentnahmestelle	Wasserentnahmestelle – **nächster Hydrant!**
Lage des Verteilers	Verteiler an der Grundstückzufahrt!
Einheit	Angriffstrupp
Auftrag	zur Brandbekämpfung
Mittel	mit PA und 1. Rohr
Ziel	zum Lagerraum
Weg	durch die rechte Eingangstür
	vor!

In diesem Fall erkundet der Wassertrupp selbst, welcher Hydrant zur Verfügung steht und der Gruppen- bzw. Staffelführer kann sich besser seinen eigentlichen Aufgaben widmen.

5.2 Wasserentnahme über Saugschläuche

Der Wassertruppführer legt die Anzahl der benötigten Saugschläuche fest. Diese werden vom Wassertrupp und Schlauchtrupp gemeinsam gekuppelt und zu Wasser gebracht. Anschließend verlegt der Wassertrupp die B-Leitung zum Verteiler und kuppelt sie am Verteiler an.

Abbildung 11: Kuppeln der Saugleitung, am Saugkorb beginnend

Die Saugschläuche werden zwischen den Beinen festgehalten. Die Kupplungen werden von Hand vorgekuppelt und durch Rechtsdrehen mit dem Kupplungsschlüssel nachgezogen. Bei Schnellkupplungsgriffen erfassen die Hände die Griffe, setzen die Kupplungen gegeneinander (Griffe waagrecht) und drehen die Knaggenteile jeweils nach rechts bis zum Anschlag.

Abbildung 12: Kuppeln der Saugleitung

Abbildung 13: Anbringen von Ventilleine und Saugschutzkorb

Abbildung 14: Anheben des Schachtdeckels

Abbildung 15: Zu-Wasser-Bringen der Saugleitung in einen Schacht

Die Ventilleine wird mit dem Karabinerhaken in das Auge oder den Ring des Rückschlagorgans eingehängt. Die Ventilleine darf nicht von der gegebenenfalls notwendigen Halteleine oder vom Saugschutzkorb eingeklemmt werden.

Die Ventilleine wird lose verlegt und an geeigneter Stelle befestigt. Sofern die Saugleitung an eine Tragkraftspritze angeschlossen wird, ist die Tragkraftspritze gegen Verrutschen zu sichern.

Abbildung 16: Zu-Wasser-Bringen der Saugleitung am offenen Gewässer

Bei der Wasserentnahme aus einem Saugschacht wird zunächst der Schachtdeckel mit Hilfe der Schachthaken nach **hinten** abgehoben. Die Saugleitung wird fertig gestellt und vor dem Ankuppeln an die Feuerlöschkreiselpumpe in den Schacht eingeführt.

Die Entnahme aus einem Löschwassersauganschluss eines genormten Löschwasserbrunnens, -behälters oder -teiches erfolgt ebenfalls mit einer Saugleitung.

5.3 Wasserentnahme über Druckschläuche

Bei der Wasserentnahme über Druckschläuche verlegt der Wassertrupp als erstes die B-Leitung von der Feuerlöschpumpe zur Wasserentnahme.

Dient ein **Unterflurhydrant** der Wasserentnahme, ist vom Wassertrupp zuerst ein Hydranten-Standrohr in Stellung zu bringen. Anschließend verlegt der Wassertrupp die B-Leitung von der Feuerlöschpumpe zum Verteiler und kuppelt sie am Verteiler an.

Bei der Wasserentnahme aus einem Unterflurhydrant ist zu beachten, dass beim Tragen des Standrohres der Dichtring festgehalten wird. Die Klauenmutter muss bis zum unteren Anschlag heruntergeschraubt sein.

Zum Einsetzen des Standrohres wird der Deckel der Straßenkappe abgehoben. Festsitzende Deckel werden gegebenenfalls durch Schläge mit dem Unterflurhydrantenschlüssel gelockert.

Das Standrohr wird nach dem Entfernen des Klauendeckels und Reinigung des Sitzes in den Unterflurhydranten eingesetzt und durch Rechtsdrehen mit dem Griff festgezogen. Muss der Aufsatzkopf gedreht werden, darf das nur mit Rechtsdrehung geschehen. Mit dem Unterflurhydrantenschlüssel wird der Hydrant geöffnet, d.h. bis zum Anschlag aufdrehen und anschließend eine halbe Umdrehung zurück.

Nach Öffnen des Hydranten wird dieser über einen freien Druckabgang des Standrohres gespült. Nach dem Schließen des Hydranten ist zur Belüftung und Entwässerung ein freier Druckabgang zu öffnen.

Hinweis: Soweit noch ungenormte Unterflurhydranten vorhanden sind, ist sinngemäß zu verfahren. Bei einer Wasserentnahme aus Schachthydranten ist grundsätzlich wie bei der Entnahme aus Unterflurhydranten zu verfahren.

Abbildung 17: Tragweise des Standrohres

Abbildung 18: Einsetzen des Standrohres

Abbildung 19: Spülen eines Unterflurhydranten

Abbildung 20: Öffnen eines Überflurhydranten mit Fallmantel

Bei der Wasserentnahme aus einem **Überflurhydrant mit Fallmantel** wird mit dem Überflurhydrantenschlüssel durch Linksdrehen des Dreikantes die Sperre des Fallmantels gelöst. Dann werden die oberen Ventilabgänge frei.

Durch Linksdrehen des Haubendeckels, d.h. bis zum Anschlag und anschließend eine halbe Drehung zurück, wird das Hydrantenventil geöffnet und der Hydrant über einen freien Druckabgang gespült.

Beim Öffnen eines **Überflurhydranten mit freiliegenden oberen Abgängen** ist zunächst mit dem Überflurhydrantenschlüssel die entsprechende Deckkapsel zu entfernen. Anschließend wird das Absperrventil mit dem Schlüssel durch Linksdrehen der Haubenspitze geöffnet und der Hydrant gespült.

5.4 Schnellangriffsverteiler

Das Verlegen der Schlauchleitung von der Feuerlöschpumpe zum Verteiler kann mit der Verwendung eines Schnellangriffsverteilers erheblich beschleunigt werden. Ein Schnellangriffsverteiler ist ein Verteiler mit einem angeschlossenem B-Schlauch, der entweder in einem Trittkasten unter bzw. in einem der hinteren Geräteräume eines Löschfahrzeuges untergebracht ist.

Der Gruppen- bzw. Staffelführer kann, sofern die Erkundung ergibt das ein B-Schlauch zwischen Pumpe und Einsatzstelle reicht, auch den Befehl geben:

Bestandteile des Einsatzbefehls	Beispiel
Wasserentnahmestelle	Wasserentnahmestelle – Unterflurhydrant hinter dem Fahrzeug
Lage des Verteilers	**Schnellangriffsverteiler** vor das rechte Tor!
Einheit	Angriffstrupp
Auftrag	zur Brandbekämpfung
Mittel	mit PA und 1. Rohr
Ziel	zur Werkstatt
Weg	durch das offene Rolltor
	vor!

In diesem Fall verlegt der Schlauchtrupp (FwDV 4) bzw. der Angriffstrupp (FwDV 3), mit der Vornahme des Verteilers, **gleichzeitig** eine fertig gekuppelte B-Leitung zwischen der Pumpe und der Einsatzstelle. Der Maschinist kann jetzt durch den mitgeführten Löschwasservorrat **sofort** Wasser Richtung Verteiler geben.

Der Wassertrupp beginnt, wie in den beiden Feuerwehr-Dienstvorschriften vorgesehen, **sofort** mit dem Aufbau der B-Leitung zwischen der Pumpe und der Wasserentnahme

Abbildung 21: Schnellangriffsverteiler

5.5 Verlegen von B-Druckschläuchen

Die Vornahme von B-Druckschläuchen erfolgt durch:

- Auswerfen/-rollen von doppelt gerollten B-Druckschläuchen,
- Verlegen mit Schlauchtragekörben,
- Auslegen mit fahrbaren Haspeln.

Das Auslegen des **doppelt gerollten Druckschlauches** kann durch Auswerfen oder durch Abrollen aus der Armbeuge erfolgen. Bei beiden Arten führt eine Hand die Schlauchrolle, die andere Hand erfasst die beiden Schlauchenden unmittelbar hinter den Kupplungen

Merke: B-Druckschläuche werden aus Sicherheitsgründen grundsätzlich von zwei Feuerwehrangehörigen gekuppelt. C-Druckschläuche können auch von einem Feuerwehrangehörigen gekuppelt werden.

Je nach Geländebeschaffenheit gelingt es nicht immer die Schläuche genau gradlinig auszuwerfen. Wenn die B-Leitung dann unter Druck gesetzt wird ergibt sich oftmals eine gewisse „Zick-Zack-Verlegung“ die besonders auf schmalen Straßen zu Einsatzbehinderungen führen kann.

Als Alternative zu der Verlegung von gerollten B-Druckschläuchen ist grundsätzlich auch die Verwendung von **Schlauchtragekörben für B-Druckschläuche** möglich. Dabei ist allerdings das Gewicht zu beachten, denn ein Tragekorb mit zwei B-Druckschläuchen wiegt ca. 18 kg bis 28 kg !

Ab etwa drei B-Druckschläuchen in Folge kann für einen zügigen Aufbau der Wasserversorgung auch eine **fahrbare B-Haspel** genutzt werden, sofern ein LF 16 oder ein LF 16/12 zum Einsatz kommt. Beim Absetzen der fahrbaren Schlauchhaspel arbeiten der Wassertrupp und der Maschinist zusammen. Die fahrbare Schlauchhaspel wird vom Wassertrupp an den seitlichen Handgriffen gezogen. Der Schlauch muss von unten abrollen.

Abbildung 22: Auslegen durch Auswerfen oder Abrollen

Abbildung 23: Kuppeln von B-Druckschläuchen

Abbildung 24: Absetzen der fahrbaren Schlauchhaspel

Abbildung 25: Ziehen der fahrbaren Schlauchhaspel

Viele Feuerwehren rüsten die fahrbare Haspel zusätzlich mit einem Standrohr und Hydranten- und Kupplungsschlüsseln aus. Dies erspart zusätzlich Ausrüst- und Wegezeit für den Wassertrupp.

Eine weitere Erleichterung beim Aufbau der Wasserversorgung stellen die seit Januar 1999 genormten fahrbaren **Einpersonen-Haspeln** dar. Durch eine spezielle Konstruktion unter Ausnutzung der Hebelgesetze kann diese Haspel von nur einer Einsatzkraft ohne Verletzungsgefahr ab- bzw. aufgeprotzt und eingesetzt werden, z.B. auch von dem Maschinisten, wenn keine B-Druckschläuche benötigt werden.

5.6 Verlegen von C-Druckschläuchen

Die Vornahme von C-Druckschläuchen erfolgt durch:

- Auswerfen/-rollen von doppelt gerollten C-Druckschläuchen,
- Verlegen mit Schlauchtragekörben,
- Auslegen mit tragbaren Haspeln.

Bei nicht zu großen Abständen zwischen dem Verteiler und der Einsatzstelle lässt sich die C-Leitung recht schnell mit **doppelt gerollten C-Druckschläuchen** aufbauen. Die C-Druckschläuche können dabei von jeweils einer Einsatzkraft gekuppelt werden.

Bei größeren Entfernungen bietet sich dann die Verwendung einer **tragbaren Schlauchhaspel** an. Beim Tragen stehen die Tragegriffe der Schlauchhaspel waagerecht. Das Gewicht der Schlauchhaspel ruht auf dem Griffanschlag. Die Schlauchleitung muss nach unten abrollen.

Die Verwendung von **Schlauchtragekörben** bei der Verlegung von C-Leitungen im Freien oder durch den Schlauchtrupp für einen anderen Einsatztrupp bringt gegenüber gerollten C-Druckschläuchen oder einer tragbaren Haspel zunächst keine besonderen Vorteile. Schlauchtragekörbe sind aber besonders für das Verlegen von Schlauchleitungen im Gebäude geeignet.

Hinweis: C-Leitungen werden in Gebäuden aber nur bis zur Rauchgrenze verlegt. Ab dort muss mit Wasser am Rohr vorgegangen werden.

Abbildung 26: Auslegen einer C-Leitung mit tragbarer Haspel

Abbildung 27: Auslegen einer C-Leitung mit Schlauchtragekorb

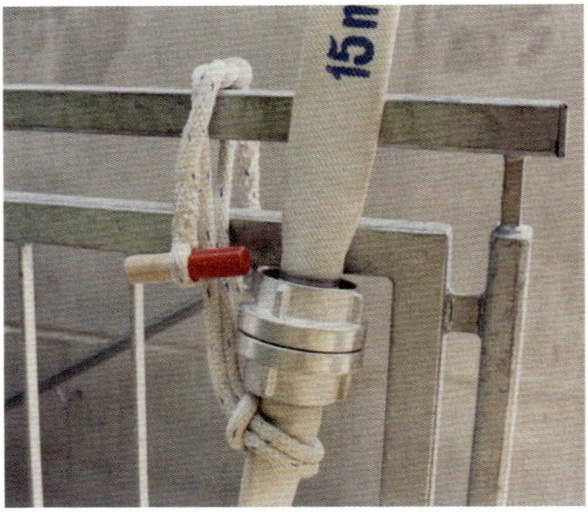

Abbildung 28: Sichern mit Seilschlauchhalter

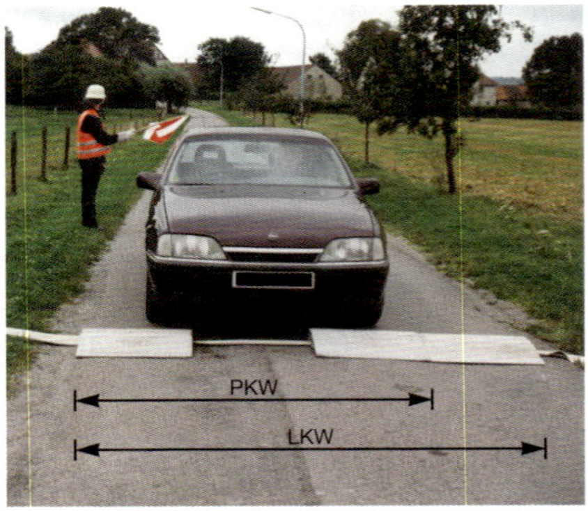

Abbildung 29: Auslegen einer Schlauchbrücke

5.7 Sichern von Druckschläuchen

Bei Vornahme von Druckschläuchen an Außenfronten oder in Treppenräumen sind diese an geeigneten Festpunkten durch Schlauchhalter oder Feuerwehrleine zu sichern. In Treppenräumen muss die Leitung gegebenenfalls auf der Treppe verlegt werden. Auf ausreichende Schlauchreserve vor dem Gebäude ist zu achten.

Beim Auslegen von Druckschläuchen über Hindernisse (Zäune o. Ä.) können zwei Steckleiterteile als Schlauchstütze verwendet werden. Die Sicherung der Leiterteile oben und unten durch Leinen ist zu beachten.

Vorhandene Möglichkeiten der Unterführung eines Verkehrsweges, z.B. Rohrdurchlässe, Freiraum unter Gleisen o. Ä., sind auszunutzen.

Beim Überqueren von Straßen mit Schlauchleitungen sind drei Schlauchbrücken so auszulegen, dass Fahrzeuge verschiedener Spurbreiten (Pkw/Lkw) die Leitung überfahren können. Auf Verkehrssicherung ist zu achten.

Abbildung 30: Verkehrssicherung an Schlauchbrücken

Abbildung 31: Unterführung eines Schienenweges

5.8 Selbstkontrolle und Testfragen

(Lösungen siehe Seite 68)

1. Welcher Trupp hat gemäß FwDV grundsätzlich die Aufgabe, die Wasserversorgung bis zum Verteiler aufzubauen?

a) Der Angriffstrupp
b) Der Löschwassertrupp
c) Der Schlauchtrupp
d) Der Wassertrupp

2. Welche Besonderheiten sind beim Kuppeln von Saugschläuchen zu beachten?

a) Der Wassertruppführer legt die Anzahl der Saugschläuche fest.
b) Der Wassertrupp und der Schlauchtrupp kuppeln die Saugleitung.
c) Die Kupplungen werden von Hand vorgekuppelt.
d) Durch Rechtsdrehen werden die Kupplungen von Hand nachgezogen.

3. Welche Besonderheiten sind beim Einsatz eines Standrohres zu beachten?

a) Beim Tragen des Standrohres ist der Dichtring festzuhalten.
b) Die Klauenmutter muss bis zum oberen Anschlag geschraubt sein.
c) Das Standrohr wird durch Rechtsdrehen an den Ventilen festgezogen.
d) Der Hydrant wird mit einem Unterflurhydrantenschlüssel geöffnet.

4. Was ist ein Schnellangriffsverteiler?

a) Ein Verteiler, der am Schnellangriffsschlauch angeschlossen ist.
b) Ein Verteiler mit einem fest angeschlossenem B-Druckschlauch.
c) Ein Verteiler, der vom Einsatzleiter bei der Erkundung schnell eingesetzt wird.
d) Ein Verteiler mit Kugelventilen

5. Wodurch kann die Vornahme von B-Druckschläuchen erfolgen?

a) Durch Auswerfen/-rollen von doppelt gerollten B-Druckschläuchen
b) Durch Verlegen mit Schlauchtragekörben
c) Durch Verlegen mit tragbaren Haspeln
d) Durch Verlegen mit fahrbaren Haspeln

6. Wie werden B-Druckschläuche miteinander verbunden?

a) B-Druckschläuche können von nur einem Feuerwehrangehörigen gekuppelt werden.
b) B-Druckschläuche können von nur einem Feuerwehrangehörigen gekuppelt werden, wenn er Kupplungsschlüssel verwendet.
c) B-Druckschläuche müssen immer von zwei Feuerwehrangehörigen gekuppelt werden.
d) B-Druckschläuche müssen immer von zwei Feuerwehrangehörigen mit Kupplungsschlüssel gekuppelt werden.

7. Welche Besonderheiten sind beim Verlegen von C-Leitungen zu beachten?

a) C-Leitungen werden immer nur bis zum Gebäudeeingang verlegt.
b) C-Leitungen können in Gebäuden bis zur Rauchgrenze verlegt werden.
c) C-Leitungen werden nicht durch Treppenräume verlegt.
d) C-Leitungen werden immer mit Schlauchtragekörben verlegt.

8. Wodurch können ausgelegte B- oder C-Leitungen gesichert werden?

a) Durch Schlauchhalter oder Feuerwehrleinen
b) Durch Schlauchschützer
c) Durch Schlauchbrücken
d) Durch Verlegen genau in der Straßenmitte
e) Durch Verkehrssicherungsmaßnahmen

6 Durchführung der Brandbekämpfung

Gemäß Feuerwehr-Dienstvorschrift FwDV 4 bzw. FwDV 3 hat der Angriffstrupp die Aufgabe, die Brandbekämpfung einzuleiten und das erste Rohr vorzunehmen. Je nach Ausgangslage und Befehl des Gruppen- bzw. Staffelführers wird die Schlauchleitung zwischen Verteiler und Strahlrohr vom Angriffstrupp selbst oder vom Schlauchtrupp verlegt.

6.1 Einsatzarten

Bei der Brandbekämpfung wird zunächst zwischen den Angriffsarten **Innenangriff** und **Außenangriff** unterschieden. Unter Innenangriff ist die aus nächster Nähe durchgeführte Bekämpfung eines Brandes in einem Gebäude zu verstehen. Damit soll erreicht werden, dass der tatsächliche Brand schnell, sicher und nachhaltig gelöscht wird. Beim Außenangriff wird von außen, ohne den Brandherd erkennen zu können, Löschmittel ungezielt in das brennende Gebäude gespritzt.

Gemäß Feuerwehr-Dienstvorschrift wird bei der Brandbekämpfung zwischen Einsätzen **mit Bereitstellung** und **ohne Bereitstellung** unterschieden.

Ein Einsatz mit Bereitstellung wird immer dann durchgeführt, wenn die Lage noch nicht soweit erkundet werden konnte, dass Einsatzmittel, Einsatzziel und Einsatzweg bestimmt werden können. In diesem Fall enthält der Befehl für die Trupps nur die Angabe:

Bestandteile des Einsatzbefehls	Beispiel
Wasserentnahmestelle	Wasserentnahmestelle – Überflurhydrant vor der Werkstatt!
Lage des Verteilers	Verteiler an der Parkplatzzufahrt!
	Zum Einsatz fertig!

Ein Einsatz ohne Bereitstellung wird immer dann durchgeführt, wenn die Lage übersichtlich und klar ist. Der Befehl enthält folgende Bestandteile:

Bestandteile des Einsatzbefehls	Beispiel
Wasserentnahmestelle	Wasserentnahmestelle – Überflurhydrant vor der Werkstatt!
Lage des Verteilers	Verteiler an der Parkplatzzufahrt!
Einheit	Angriffstrupp
Auftrag	zur Menschenrettung
Mittel	mit PA und 1. Rohr
Ziel	zum Bürobereich
Weg	über den Treppenraum
	vor!

6.2 Vorgehen der Einsatzkräfte

Die Einsatzkräfte rüsten sich zunächst mit der erforderlichen Einsatzausrüstung gemäß FwDV aus:

- Gruppen- oder Staffelführer, Melder und Truppführer mit Handscheinwerfer oder Handleuchte und gegebenenfalls ein Handfunkgerät
- Truppmänner mit C- oder B-Strahlrohr oder Schaumrohr und Schlauchhalter

Je nach Lage kann der Gruppen- bzw. Staffelführer Abweichungen von der vorgegebenen Ausrüstung anordnen und/oder das Mitführen weiterer Ausrüstungen wie z. B. Kübelspritze, Pulverlöscher oder Brechwerkzeug befehlen.

Merke: Besteht die Gefahr der Einwirkung von Sauerstoffmangel oder Atemgiften darf nur mit geeigneten Atemschutzgeräten vorgegangen werden.

Abbildung 32: Einsatzausrüstung eines Gruppenführers

Abbildung 33: Einsatzausrüstung eines Angriffstrupps

Damit die Rettungs- und Löschmaßnahmen wirksam und ohne Gefährdungen durchgeführt werden können, sind sowohl von den Führungs- als auch von den Einsatzkräften bestimmte Einsatzgrundsätze zu beachten:

Einsatzgrundsätze

- Die Rettung von Personen und Tieren hat immer Vorrang vor Brandbekämpfungsmaßnahmen.
- Ein Trupp geht immer gemeinsam in die Einsatzstelle bzw. zum Brandobjekt vor und auch gemeinsam zurück.
- Das Betreten eines gefährdeten Gebäudes oder Raumes erfolgt immer mit Wasser am Strahlrohr und ausreichender Schlauchreserve.
- Im Gefahrenbereich wird in gebückter Haltung vorgegangen. Beim Öffnen von Türen ist hinter der Tür oder im Wandbereich Deckung zu suchen.
- Der Wasserstrahl (möglichst Sprühstrahl) ist beim Löschen immer direkt in den Brandherd zu richten. Nicht blindlings in den Rauch spritzen!

6.3 Vornahme von Strahlrohren

Die Feuerwehr-Dienstvorschrift FwDV 4 „Die Gruppe im Löscheinsatz" sieht für die Vornahme von Strahlrohren bestimmte Abläufe vor. Diese Abläufe gelten sinngemäß auch für den Einsatz einer Staffel gemäß FwDV 3. Dabei werden jedoch die Aufgaben des Schlauchtrupps vom Angriffstrupp mit übernommen.

Anhand der Vorgaben der FwDV 4 wird nachfolgend die Vornahme von Strahlrohren beschrieben.

6.3.1 Einsatz von C-Rohren

Der Gruppenführer erkundet die Lage, bestimmt die Fahrzeugaufstellung und befiehlt dann z. B.:

Bestandteile des Einsatzbefehls	Beispiel
Wasserentnahmestelle	Wasserentnahmestelle – Unterflurhydrant an der Zufahrt!
Lage des Verteilers	Verteiler vor den Eingang der Halle!
Einheit	Angriffstrupp
Auftrag	zur Brandbekämpfung
Mittel	mit PA und **1. Rohr**
Ziel	zum rechten Lagerbereich
Weg	durch den Eingang der Halle
	vor!

Der **Wassertrupp** hat die Aufgabe, die Löschwasserentnahmestelle vorzubereiten und die Wasserversorgung zwischen der Löschwasserentnahmestelle und dem Verteiler aufzubauen. Der Schlauchtrupp bringt den Verteiler an die befohlene Stelle und verlegt die Schlauchleitungen von den Strahlrohren zum

Verteiler. Dabei ist auf ausreichende Schlauchreserve für die vorgehenden Trupps zu achten. Die Leitungen werden vom Schlauchtrupp am Verteiler angekuppelt.

- für Angriffstrupp – 1. C-Rohr – **linker** Verteileranschluss
- für Wassertrupp – 2. C-Rohr – **rechter** Verteileranschluss
- für Schlauchtrupp – 3. C-Rohr – **mittlerer** Verteileranschluss

Die Regelung zum Anschluss der Schlauchleitungen an den Verteiler dient dazu, ein zielgerichtetes Abstellen des Verteilers zu ermöglichen, wenn z.B. ein Rohr zurückgenommen oder umgesetzt werden soll und der Trupp am Strahlrohr von der Einsatzkraft am Verteiler aus nicht gesehen werden kann.

Auf das Kommando des Angriffstrupps „1. Rohr – Wasser marsch" bzw. des Wassertrupps „2. Rohr – Wasser marsch" öffnet der Schlauchtrupp die entsprechenden Ventile am Verteiler. Die Schlauchaufsicht gehört ebenfalls zur Aufgabe des Schlauchtrupps.

Abbildung 34: Anschließen der Schlauchleitungen an den Verteiler

Abbildung 35: Vornahme eines B-Rohres

Die Vornahme des 2. C-Rohres durch den Wassertrupp erfolgt sinngemäß. Bei der Vornahme des 3. C-Rohres durch den Schlauchtrupp legt sich der Schlauchtrupp die dritte Leitung selbst.

Der Melder kuppelt den Schlauch am Verteiler an und bedient den Verteiler

6.3.2 Einsatz eines B-Rohres

Der Gruppenführer erkundet die Lage, bestimmt die Fahrzeugaufstellung und befiehlt dann z.B.:

Bestandteile des Einsatzbefehls	Beispiel
Wasserentnahmestelle	Wasserentnahmestelle – Überflurhydrant an der Straßenecke!
Lage des Verteilers	Verteiler neben den Kanaldeckel
Einheit	Angriffstrupp
Auftrag	zur Abriegeln der Werkstatt
Mittel	mit PA und **B-Rohr**
Ziel	zur rechten Hallenseite
	vor!

Die Ausführung des Befehls erfolgt sinngemäß wie bei der Vornahme eines C-Rohres, abweichend davon gilt jedoch:

- Der Angriffstrupp rüstet sich mit B-Strahlrohr und Stützkrümmer aus.
- Beim Einsatz von **B-Rollschläuchen** verlegt der Schlauchtrupp die B-Leitung bis zum Angriffstrupp.
- Beim Einsatz der **fahrbaren B-Haspel** eines Löschgruppenfahrzeuges LF 16 bzw. LF 16/12 verlegt der Wassertrupp die B-Leitung bis zum Angriffstrupp.

Für den Anschluss der Leitungen an den Verteiler gilt die Reihenfolge:

- für Angriffstrupp – B-Rohr – **mittlerer** Verteileranschluss
- für Wassertrupp – 1. C-Rohr – **linker** Verteileranschluss
- für Schlauchtrupp – 2. C-Rohr – **rechter** Verteileranschluss

Wassertrupp und Schlauchtrupp können dann weitere Rohre vornehmen.

6.3.3 Einsatz eines Schaumrohres

Der Gruppenführer erkundet die Lage, bestimmt die Fahrzeugaufstellung und befiehlt dann z.B.:

Bestandteile des Einsatzbefehls	Beispiel
Wasserentnahmestelle	Wasserentnahmestelle – zunächst Fahrzeugtank TLF 24/50 !
Lage des Verteilers	Verteiler eine B-Länge hinter dem Fahrzeug!
Einheit	Angriffstrupp
Auftrag	zum Abdecken des brennenden Reifenstapels
Mittel	mit PA und **Mittelschaumrohr**
	vor!

Die Ausführung des Befehls erfolgt sinngemäß wie bei der Vornahme eines C-Rohres, abweichend davon gilt jedoch:

- Der Angriffstruppführer rüstet sich mit zwei Schaummittel-Behältern und der Angriffstruppmann mit dem Schaumrohr, Zumischer und D-Ansaugschlauch aus; anschließend mit Verteiler und den erforderlichen Schläuchen.

Beim Vorgehen stellt der Angriffstrupp zwischen Verteiler und Einsatzziel den Zumischer, D-Ansaugschlauch und Schaummittel-Behälter ab.

- Der Schlauchtrupp kuppelt den Zumischer in die Schlauchleitung ein und stellt mit dem D-Ansaugschlauch die Verbindung zwischen Zumischer und Schaummittel-Behälter her.
  Der Schlauchtruppführer bedient den Verteiler, der Schlauchtruppmann den Zumischer und er übernimmt die Schlauchaufsicht. Die Sicherstellung des Schaummittelvorrates während des Einsatzes gehört ebenfalls zur Aufgabe des Schlauchtrupps.

Für den Anschluss der Leitungen an den Verteiler gilt die Reihenfolge:

- für Angriffstrupp – Schaumrohr – **mittlerer** Verteileranschluss.
- für Wassertrupp – 1. C-Rohr – **linker** Verteileranschluss.

Abbildung 36: Verbindung des Verteilers und des Zumischers durch einen kurzen B-Schlauch

Bei vielen Feuerwehren wird als Verbindung zwischen dem Verteiler und dem Zumischer ein ca. 50 cm langer B-Schlauch eingesetzt. Dies hat den Vorteil, dass durch **eine** Einsatzkraft **Verteiler und Zumischer** bedient werden können. Der kurze Schlauch gehört jedoch nicht zur Normbeladung eines Löschfahrzeuges. Alternativ kann auch der zur Normbeladung gehörende 5 m B-Schlauch verwendet werden.

6.3.4 Einsatz eines S-Rohres (Schnellangriff Wasser)

Der Gruppenführer erkundet die Lage, bestimmt die Fahrzeugaufstellung und befiehlt dann z.B.:

Bestandteile des Einsatzbefehls	Beispiel
Einheit	Angriffstrupp mit Unterstützung des Schlauchtrupps
Auftrag	zur Brandbekämpfung
Mittel	mit PA und **S-Rohr**
Ziel	zum brennenden Pkw
	vor!

Der Angriffstrupp geht mit dem S-Rohr vor. Der Schlauchtrupp unterstützt ihn dabei. Der zur Verfügung stehende Löschmittelvorrat bestimmt die weiteren Maßnahmen.

6.4 Übermittlungszeichen

Übermittlungszeichen in Form von optischen oder akustischen Signalen dienen zum Übermitteln von Befehlen und Meldungen, wenn andere Arten der Übermittlung nicht möglich oder unzweckmäßig sind. In der FwDV 1/1 sind die grundlegenden Zeichen aufgenommen.

Sichtzeichen werden mit dem Arm bei flachgehaltener Hand gegeben. Das Zeichen „Achtung“ ist vor jeder Abgabe von Sichtzeichen zu geben.

Bedeutung:	Achtung! Ankündigung ...! Verbindung aufnehmen! Verstanden! Fertig!
Ausführung:	Ausgestreckten Arm senkrecht hochhalten.

Bedeutung:	Wasser marsch! Einschalten, Anlassen! Marsch!
Ausführung:	Arm seitwärts abgewinkelt aus Schulterhöhe mehrmals hochstoßen.

Bedeutung:	Arbeit einstellen! Wasser halt! Motor abstellen!
Ausführung:	Hand breitseitig vor den Kopf halten, Ellenbogen seitwärts.

Bedeutung:	Sammeln! Antreten!
Ausführung:	Mit ausgestrecktem Arm über dem Kopf große Kreise beschreiben.

6.5 Selbstkontrolle und Testfragen

(Lösungen siehe Seite 68)

1. Zwischen welchen Einsatzformen wird gemäß FwDV 4 unterschieden?

a) Innenangriff und Außenangriff
b) Einsatz mit Befehl und ohne Befehl
c) Einsatz mit Bereitstellung und ohne Bereitstellung
d) Einsatz nebeneinander und Einsatz getrennt

2. Welche Einsatzgrundsätze sind bei Löschmaßnahmen grundsätzlich zu beachten?

a) Rettung von Menschen und Tieren hat immer Vorrang vor Brandbekämpfungsmaßnahmen.
b) Ein Trupp geht immer gemeinsam vor aber auch getrennt zurück.
c) Das Betreten eines gefährdeten Raumes erfolgt nur auf Anweisung des Einsatzleiters mit Wasser am Strahlrohr.
d) Das Betreten eines gefährdeten Raumes erfolgt immer mit Wasser am Strahlrohr.

3. Wer leitet den Einsatz einer Gruppe?

a) Der Dienstälteste
b) Der Feuerwehrangehörige mit den meisten Ausbildungsstunden
c) Der Gruppenführer
d) Der Gruppenführer z.b.V. bzw. der stellvertretende Zugführer

4. Wer bestimmt die Lage des Verteilers?

a) Der Maschinist
b) Der Wassertrupp
c) Der Schlauchtruppführer
d) Der Gruppen- bzw. Staffelführer

5. Wie werden die C-Leitungen an den Verteiler angekuppelt?

a) Das Ankuppeln richtet sich immer nach der Einsatzlage.
b) Die Leitung für das erste C-Rohr wird links angeschlossen.
c) Die Leitung für ein B-Rohr wird in der Mitte angeschlossen.
d) Die Leitung für ein Schaumrohr wird immer rechts angeschlossen.

6. Welche Aufgaben hat der Angriffstrupp bei der Vornahme eines Schaumrohres?

a) Der Angriffstrupp rüstet sich mit einem Schaumstrahlrohr aus und stellt sich am Verteiler bereit.
b) Der Angriffstrupp rüstet sich mit zwei Schaummittelbehältern aus.
c) Der Angriffstruppmann rüstet sich mit Schaumstrahlrohr, Zumischer und D-Ansaugschlauch aus.
d) Der Angriffstrupp stellt die vorgenommenen Geräte zwischen Verteiler und Einsatzziel ab.

7. Wodurch wird die gleichzeitige Bedienung des Verteilers und Zumischers erleichtert?

a) Durch regelmäßiges Training des Schlauchtrupps
b) Durch laute, deutliche Befehle des Gruppen- bzw. Staffelführers
c) Durch Verwendung eines kurzen B-Druckschlauches
d) Durch Einfetten der Bedienarmaturen

8. Wie wird das Sichtzeichen „Wasser marsch! Einschalten/Anlassen bzw. Marsch !" gegeben?

a) Durch Blinken mit der Handlampe
b) Durch lautes Rufen
c) Durch mehrmaliges Hochstoßen des seitwärts abgewinkelten Arms aus Schulterhöhe
d) Durch breitseitig vor dem Kopf gehaltene Hand, bei seitwärts abgewinkelten Ellenbogen

7 Nachlösch- und Aufräumarbeiten

Die Einsatzmaßnahmen der Feuerwehr beschränken sich auf die zur restlosen Beseitigung der Gefahren notwendigen Maßnahmen und sind dann beendet, wenn absolute Sicherheit darüber besteht, dass alle Gefahren beseitigt sind.

7.1 Maßnahmen der Feuerwehr

Es ist nicht Aufgabe der Feuerwehr, die Einsatzstelle möglichst „besenrein" zu hinterlassen. Wichtig ist es, die Restablöschung sicherzustellen. Dazu gehört vor allem die Kontrolle auf versteckte Brandnester im Brandschutt und in der Baukonstruktion. Solche versteckten Brandnester können sich z.B. in Polstermöbeln, Matratzen oder Bauteilen aus Holz auch über längere Zeit halten, bevor sie sich bis an die Oberfläche des betreffenden Gegenstandes ausgeweitet haben und dort wieder brennen.

Die Kontrolle muss sich auch auf Nebenräume, Kanäle, Schächte und ähnliche Bereiche beziehen. Weitere Maßnahmen sind z.B.:

- Das Absperren der Einsatzstelle
- Das Sichern gegen Einsturzgefahren
- Die Grobreinigung der Fahrzeuge und Geräte
- Das Auffangen und Aufnehmen von (kontaminierten) Löschwasser
- Die Unterstützung der Brandursachenermittlung
- Das Ausleuchten der Einsatzstelle z.B. zur Unterstützung der Polizei

Kann ein erneutes Aufflammen des Brandes nicht ausgeschlossen werden, muss eine Brandwache an der Einsatzstelle zurückgelassen werden. Über die Notwendigkeit und den Umfang entscheidet der Einsatzleiter.

Nach dem Kommando „Zum Abmarsch fertig" beenden die Einsatzkräfte ihre Einsatztätigkeiten und nehmen die eingesetzten Geräte und Schläuche zurück. Diese werden noch an der Einsatzstelle in einen möglichst einsatzbereiten Zustand gebracht und wieder auf den Fahrzeugen verlastet.

Die Schlauchleitung ist an geeigneten Stellen zu entkuppeln um Wasserschäden zu verhindern und gegebenenfalls Glatteisgefahr zu vermeiden. Zur Entleerung wird der Druckschlauch fortlaufend hochgehoben oder in abfallendem Gelände so gelegt, dass das Wasser durch natürliches Gefälle abfließt. Der Druckschlauch wird bei der Zurücknahme in Buchten über die Schulter gelegt. Die Kupplungen befinden sich vor dem Körper.

Abbildung 37: Entleeren eines Druckschlauches

Abbildung 38: Zurücknahme des Druckschlauches

Beschädigte, verschmutzte und nasse Schläuche werden einfach gerollt, um im Feuerwehrhaus sofort erkennen zu können, welche Schläuche ausgetauscht werden müssen.

Vor dem Abrücken von der Einsatzstelle sind die Löschwasserentnahmestellen, Steigleitungen, Wandhydranten usw. wieder ordnungsgemäß herzurichten. Es erfolgt eine Überprüfung der Vollzähligkeit der Mannschaft und der Ausrüstung.

Die Brandstelle ist dann entweder dem Eigentümer oder Besitzer oder der Polizei zu übergeben.

7.2 Ermittlung der Brandursache

Die Ermittlung der Brandursache, mit dem Ziel einer lückenlosen Beweisführung macht eine sorgfältige Brandstellenbegutachtung erforderlich. Deshalb sollten die Veränderungen am Brandort durch die Feuerwehr auf das notwendigste Maß beschränkt werden und ihr Vorgehen möglichst „spurenschonend" sein.

Dadurch bleiben wichtige Anhaltspunkte für die Brandursachenermittler gegebenenfalls erhalten.

7.3 Wiederherstellen der Einsatzbereitschaft

Nach dem Einsatz muss im Feuerwehrhaus die Einsatzbereitschaft wiederhergestellt werden. Dazu gehört u. a.:

- Das Auffüllen der Löschwasserbehälter der eingesetzten Löschfahrzeuge.
- Das Auffüllen sonstiger verbrauchter Löschmittel und Materialien.
- Das Betanken der Kraftfahrzeuge und der mit Verbrennungsmotoren betriebenen Aggregate, Tragkraftspritzen usw.
- Der Austausch der benutzten Schläuche.
- Die Wiederherstellung der Einsatzbereitschaft der Atemschutzgeräte.
- Das Auffüllen der gebrauchte Atemschutzflaschen.
- Das Bestücken der Fahrzeuge mit gereinigten Atemschutzmasken.
- Die Reinigung der Fahrzeuge und der benutzte Geräte.
- Das Laden von Batterien für z.B. Handscheinwerfer oder Handfunkgeräte.
- Die Kontrolle, Reinigung und Instandsetzung der persönlichen Ausrüstung.
- Die Sichtprüfungen gemäß Geräteprüfordnung.

Die Wiederherstellung der Einsatzbereitschaft ist der zuständigen Leitstelle zu melden.

7.4 Selbstkontrolle und Testfragen

(Lösungen siehe Seite 68)

1. Welche Maßnahmen bei Einsatzende gehören zu den Aufgaben der Feuerwehr?

a) Absperren der Einsatzstelle
b) Säubern der Einsatzstelle
c) Grobreinigung der Fahrzeuge und Geräte
d) Unterstützung der Brandursachenermittlung

2. Was ist bei der Zurücknahme von Schlauchleitungen zu beachten?

a) Schläuche an geeigneter Stelle entkuppeln um Wasserschäden und gegebenenfalls Glatteisbildung zu vermeiden.
b) Schläuche einer kurzen Druckprüfung unterziehen.
c) Schläuche durch fortlaufendes Hochheben entleeren.
d) Schläuche bei der Zurücknahme in Buchten über die Schulter legen.

3. Welche Maßnahmen sind vor dem Abrücken von der Einsatzstelle durchzuführen?

a) Rechnung für die Verpflegung an den Geschädigten weiter geben.
b) Alle Kraftstoffbehälter vollständig auffüllen.
c) Vollzähligkeit von Mannschaft und Ausrüstung überprüfen.
d) Löschwasserentnahmestellen wieder herrichten.

4. Welche Maßnahmen müssen im Feuerwehrhaus zur Wiederherstellung der Einsatzbereitschaft durchgeführt werden?

a) Keine Maßnahmen. Die Wiederherstellung der Einsatzbereitschaft ist Aufgabe des Gerätewartes
b) Austausch der benutzten Schläuche.
c) Funktionsprüfungen gemäß Geräteprüfordnung.

8 Literatur- und Quellenverzeichnis

FwDV 1/1 „Grundtätigkeiten, Löscheinsatz und Rettung“, Ausgabe 1994, Deutscher Gemeindeverlag, Stuttgart

FwDV 3 „Die Staffel im Löscheinsatz“, Ausgabe 1973, Deutscher Gemeindeverlag, Stuttgart

FwDV 4 „Die Gruppe im Löscheinsatz“, Ausgabe 1972, Deutscher Gemeindeverlag, Stuttgart

FwDV 5 „Der Zug im Löscheinsatz“, Ausgabe 1973, Deutscher Gemeindeverlag, Stuttgart

Lehrstoffblätter „Grundausbildung“, Ausgabe: Oktober 2001, Neckar-Verlag-GmbH, Villingen-Schwenningen

Lösungen zu Kapitel 2.4: 1. b); 2. a), b) und d); 3. a); 4. c)

Lösungen zu Kapitel 3.4: 1. a) und c); 2. b); 3. c); 4. b)

Lösungen zu Kapitel 4.4: 1. b), c) und d); 2. a), b) und d); 3. a) und b); 4. c)

Lösungen zu Kapitel 5.8: 1. d); 2. a), b) und c); 3. a) und d); 4. b); 5. a), b) und d); 6. c); 7. b); 8. a), c) und e)

Lösungen zu Kapitel 6.5: 1. c); 2. a) und d); 3. c); 4. d); 5. b) und c); 6. b), c) und d); 7. c); 8. c)

Lösungen zu Kapitel 7.4: 1. a), c) und d); 2. a) c) und d); 3. c) und d); 4. b)